もくじ

くらべてわかる！

こんちゅう図鑑

つかまえ方とかい方

監修●須田研司

童心社

はじめに
こんちゅうとのつきあい方

　こんちゅうをつかまえたい、かいたいと思ったときに、いちばん大切なことはなんだと思いますか？

　それは、そのこんちゅうについて、しっかりと調べておくこと。どんな場所にすみ、どんな季節や時間に活動し、なにを食べているかを知ることが、さいしょの一歩です。

　場所や時間がわかったら、さがしに行きましょう。つかまえるときのポイントは、うごき方をよく見ながら、あみをふること。そして体をきずつけないように、やさしくもつことです。

　かうときは、そのこんちゅうがどんなところにいるか考えて、適した場所をつくってあげます。飼育ケースを日当たりのいい場所におかないことも、とても大切です。わからないことがあったら調べて、こんちゅうがすごしやすい場所になるようにととのえてあげましょう。

　さいごに、みなさんにおねがいがあります。こんちゅうをもといたところとちがう場所にかえすと、その場所の生態系をくずしてしまうことになります。かうときはさいごまでせきにんをもって、しっかりめんどうを見てあげてください。飛ぶこんちゅうが成虫になったときは、もといた場所にもどすようにしましょう。

　自然のことを考え、ルールやマナーを守って、こんちゅうたちとなかよくなってくださいね。

須田研司（むさしの自然史研究会）

知っておこう！ルールとマナー

こんちゅうや自然にやさしくしよう！

つかまえ方のマナー

●自然にやさしく

こんちゅうをとっていい場所かかくにんしよう。木をおったり、花だんに入ったりしないよ。土をほったら、もとにもどしてね。

●やさしくもとう

こんちゅうはとてもせんさい。力を入れすぎると、あしやはねがかんたんにおれてしまうよ。そのこんちゅうにあったもち方をしよう。

●もちかえるのは、飼育できる分だけ

もってかえるときは、せきにんをもってかえる数にしよう。

●はなすときは、もといた場所に

電車や車でいどうしたあとではなすと、かんきょうが合わなかったり、その場所の生き物たちのバランスをくずしたりしてしまうよ。

かい方のマナー

●しっかり調べてじゅんびしよう

とくちょうやすまい、食べ物を調べて、すごしやすいかんきょうをつくってあげよう。しゅるいや数に合わせた飼育ケースをえらんで、温度も気をつけよう。

●世話はさいごまで

一度かったらさいごまでめんどうをみよう。なん年も生きるこんちゅうもいるよ。

●飼育したあとは…

つかいおわった土やマット、木などは外にすてないよ。すんでいるまちのルールでぶんべつして、ごみに出そう。

こんちゅうをさがしに行こう!

ふくそうとつかまえ方

●ふくそう

林・草むらの場合

ぼうし

長そでのシャツ
真夏の場合は、すずしく、あせがかわきやすいそざいの服を着るといい。明るい色の服にしよう。

こんちゅうの中には、きけんなものもいる。はだは出さないようにしよう。

●知っておこう!
きけんな虫
→30ページ

虫とりあみ（捕虫網）
あみが深いほうが、虫がにげにくい。あみの目が細かいほうが、虫がきずつきにくいよ。もち手の長さが調節できるとべんり。

虫かご

くつ下をはく

スニーカー
サンダルなど、はだが出るものはさける。

長ズボンやレギンス

虫よけスプレーと日やけ止めをつけよう。

＼ これもきほん! ／

●かならず、大人といっしょに行こう。

●朝早くや夕方おそくに行く場合は、昼間に下見をしておこう。

●すわったり、草むらに近づくときは、よくまわりをかんさつしてから、行動しよう。

水辺の場合

タモあみ

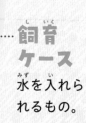

長ぐつ
サンダルはさけよう。

飼育ケース
水を入れられるもの。

のきほん

たのしくじょうずにこんちゅうを
つかまえるために、きほんを知っておこう！

●つかまえ方

●地面にいる場合（バッタ、コオロギなど）

あみを上からかまえて…

かぶせたら…

あみをつまんで
ゆっくり近づき…

そっとかぶせたら…

あみをつまんで
もち上げる。

虫があみの上のほ
うにのぼってきた
ら、くるっとひっ
くりかえして、つ
かまえる。

●飛んでいる場合（チョウ、トンボなど）

あみをやや
上から横に
ふって…

くるっと
あみをかえす。

つかまえた！

●高いところにいる場合

えだの下に
あみをもっ
てきて…

トントン！
と、ゆする。

モンシロチョウ

キャベツ畑でよく見られるチョウです。キャベツなどのアブラナ科の植物のはっぱにたまごをうみ、幼虫はそのはっぱを食べて育ちます。庭や公園など、身近なところで見られます。

● 活動する時期 → 春〜秋（幼虫、成虫。さなぎで冬をこすことも）
● 生きる期間 → 1〜5か月（たまご〜さなぎ。季節による）
　　　　　　　　1〜2週間（成虫）

こんな場所にいる

明るい草地

なのはな畑

かわらや草むら

つかまえる

たまご幼虫

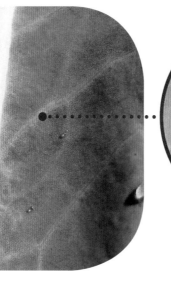

たまごははっぱのうらがわで見つかる。

もちかえる

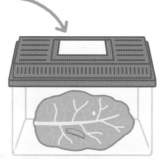

幼虫やたまごを見つけたら、ちょくせつさわらず、はっぱごとケースに入れてもちかえろう。

成虫（せいちゅう）

チョウが
進む方向を
よそうして…

あみを
横（よこ）にふる！

もち方（かた）

人（ひと）さし指（ゆび）と中指（なかゆび）で、はね
をそっとはさんでもつと、
はねをいためにくいよ。

あみを
くるっ！

! 成虫（せいちゅう）は、せまいケースでははねがいた
むので、かうのはむずかしい。つかま
えたら、かんさつしたあとにはなそう。

モンシロチョウ

かう

● 飼育期間のめやす
たまごから羽化するまで
1〜5か月（夏の終わり
にふ化した場合は、さな
ぎで冬をこす）。

● よういするもの

たまご
幼虫

● 飼育ケース

● コップや
トレイ

● ふでやはけ

● わりばしや
ぼう

● アルミ
ホイル

● はっぽう
スチロール

はっぱをとっておくと
きは、水でしめらせた
キッチンペーパーなど
でくるみ、アルミホイ
ルにつつんでおく。

● えさになるはっぱ

こまつな、ブロッコリー、だいこん、キャベツ、はく
さい、なのはなど、アブラナ科のやさい。幼虫は、
しんせんなはっぱしか食べないので、毎日とりかえる。

ブロッコリー

だいこん

なのはな

● 飼育ケースは、
大きめのものを
つかうといい。

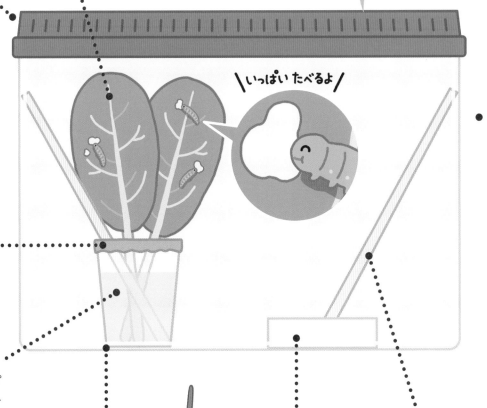

｜いっぱい たべるよ｜

● 幼虫が水に
おちないよう
に、アルミホ
イルでコップ
の上をふさぐ。

● 長いはっぱは、
水を入れたコップ
にさすと長もちす
る。水は毎日とり
かえる。キャベツ
はトレイにのせて
もいい。

● 毎日そうじする。
ふでやはけをつかう
と、ケースのすみま
できれいになる。

● はっぽうスチロ
ールなど、ぼうが
させるものをそこ
に固定する。

● わりばしやぼう
羽化しやすいように、
わりばしやぼうをな
ん本か入れておく。

8

●かんさつのポイント

- ●たまごからかうときは、ふ化して幼虫になるようすをよく見てみよう。
- ●幼虫の大きさをきろくしよう。
- ●どんなふうに幼虫からさなぎになるのか、見てみよう。
- ●幼虫からさなぎになるまで、さなぎから羽化するまで、どのくらい
  かかるか、きろくしよう。そのとき、気温や天気もきろくするといい。
- ●冬をこす場合は、春になる前に羽化してしまわないよう、ベランダなど
  におこう。

うごかすのは、さなぎになって3〜4日してからにしよう。さなぎの中では、体をドロドロにとかして、つくりなおしている。体がかたまる前にうごかすと、羽化しないことがあるよ。

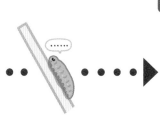

そっとしておいてだいじょうぶ。

●ケースのかべやふた、はっぱなどでさなぎになると、羽化するときにつかまる場所がなくなってしまう。その場合は、わりばしなどでさなぎをそっとはがして、紙ポケットにうつそう。

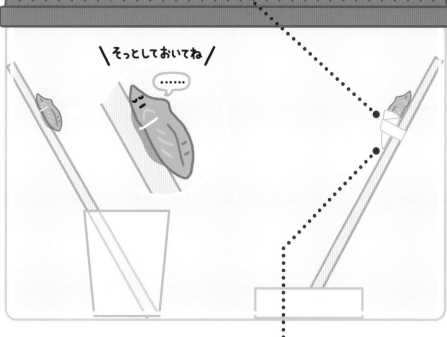

\ そっとしておいてね /

……

●終齢幼虫になって、なん日も食べずにうごかなくなってきたら、さなぎになるじゅんびをしているよ。

成虫になったらもといた場所へはなそう！

●紙ポケットのつくり方

①長方形の紙を、くるくるとまく。

②先がとがるようにまるめて、あまった部分を切る。

③テープでとめる。

④わりばしにテープなどでとめる。

シオカラトンボ

トンボの成虫は池や田んぼなどの水辺にいることが多く、幼虫（やご）は水の中でくらしています。シオカラトンボのやごは、学校のつかっていないプールでも見つかります。

● 活動する時期➡1年中（幼虫）／4〜11月（成虫）
● 生きる期間➡5〜10日（たまご）／2〜8か月（幼虫。冬をこすこともある）／1〜2か月（成虫）

▲
オス（上）とメス（下）。オスも羽化したては、メスと同じような色をしている。体の大きさは、どちらも5〜5.5cmくらい。

◀シオカラトンボのやご。

つかまえる

幼虫（やご）

タモあみをつかって、池などのそこをそっとすくう。

シオカラトンボのやごは、羽化直前で2.5cmくらい。見おとさないように、そっとどろの中をさがそう。手でさわりすぎると、弱ってしまうよ。

もちかえる

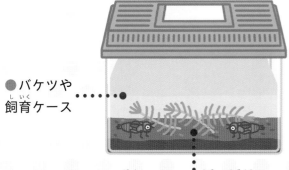

● バケツや飼育ケース

● もといた場所のどろ、水、水草などを入れる。

とてもデリケートだから、あまりゆらさずに、そっともってかえろう。

※トンボのしゅるいごとに、やごがいる場所はちがう。シオカラトンボやアキアカネは、学校のプールや池。ギンヤンマは、水草のあるような広くて明るい池。オニヤンマは、田んぼのわきの水路や小川などにいるよ。

成虫（せいちゅう）

横にあみをふって…

くるっ！とひっくりかえす

かぶせて…

トンボの進（すす）む方向（ほうこう）からあみをふると、よけられてしまうよ。飛（と）ぶところをよく見（み）て、通（とお）りすぎるしゅんかんに、後（うし）ろからサッとあみをかぶせてつかまえよう。

成虫（せいちゅう）はかうことができないよ。つかまえてかんさつしたら、もといた場所（ばしょ）にはなしてあげよう。

もち方（かた）

はねを人（ひと）さし指（ゆび）と中指（なかゆび）ではさむようにもつ。

シオカラトンボ

かう

● 飼育期間のめやす
あたたかい時期に、小さいやご
からかうと、2〜3か月で羽化
して成虫になる（寒い時期は冬
をこすので5〜8か月）。

幼虫
（やご）

● ようゐするもの

● 飼育ケース
またはコップ

● すなやじゃり

● えさ
　あかむし　　　いとみみず
　おたまじゃくし　メダカ

● 水草

※生きているものしか食べ
ない。やごの大きさによっ
て、えさの量をかえよう。

● 木のえだや
わりばし

● くんでから2〜3日おいた
水道水。25℃くらいがいい。

1ぴきで
かう場合

● 木のえだや
わりばし

● 水草

● 小さなコップ。プラス
チックケースでもいい。

● 水は毎日とりかえる。

● すなやじゃり。
できれば、もといた
場所のものがいい。

● 木のえだやわり
ばしは、いくつか
入れておく。羽化
するときにつかう。

たくさん
かう場合

● 飼育ケースが小さめの場合は2
〜3びき、大きめ場合は4〜5ひ
き。ともぐいしてしまわないよう
に大きさをそろえて入れよう。

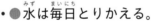

● エアポンプ（ろかそうち）
があれば入れる。

● 水草

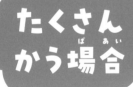

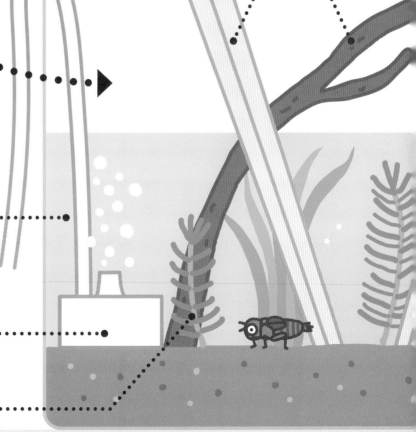

●かんさつのポイント

● やごは、10回くらい脱皮して大きくなる。小さなやごをつかまえたら、脱皮のようすや回数をかんさつしよう。
● トンボの羽化はおもに夜。昼でも、まわりを暗くすれば羽化するよ。
● やごは、生きているものしか食べないよ。どんなふうにつかまえるか、かんさつしよう。

やごがえさを食べなくなって、はねのあたりが黒っぽくなってきたら、羽化が近いよ。

アキアカネ、ギンヤンマ、オニヤンマのやごも、同じようにかえるよ。

あかむしやいとみみずは、ピンセットでつまんで、やごの目の前でゆらしてあげるといいよ。

ほかのやごをつかまえたら…

ギンヤンマ

オニヤンマ

やごのしゅるいによって、飼育期間がちがうよ。つかまえたやごのしゅるいを調べてからかおう。オニヤンマは羽化するまでに数年かかるよ。

● 2週間に1回くらいケースをそうじして、水を入れかえる。もし水がにごってきたら早くとりかえよう。

● 石などを入れると、かくれる場所になる。

● すなやじゃりを5cmくらいしく。

成虫になったらもといた場所にはなそう！

カブトムシ・ノコギリクワガタ

成虫は、クヌギやコナラの木にいることが多く、活動するのはおもに夜。
幼虫はくさった木や土の中にいます。

- 活動する時期 ➡ カブトムシ：9〜4月（幼虫）／6〜8月（成虫）
  ノコギリクワガタ：1年中（幼虫）／6〜8月（成虫）
- 生きる期間 ➡ カブトムシ：10〜11か月（たまご〜さなぎ）／1〜3か月（成虫）
  ノコギリクワガタ：1〜2年（たまご〜さなぎ）／3〜6か月くらい（成虫。
  羽化してから蛹室で冬をこす期間をのぞく）

つかまえる

幼虫

●カブトムシ

成虫がすきな、クヌギやコナラの木の近くの腐葉土がたくさんある土の中にいる。しいたけをさいばいする木（ほだ木）がすててある場所にもよくいる。

●クワガタムシ

成虫がすきなクヌギやコナラの木がある近くの、くさった木の中にいることが多い。ノコギリクワガタなどは、土の中にいることもある。冬〜春にかけてが見つけやすい。

カブトムシやノコギリクワガタのたまごは、野外ではほとんど見つからない。たまごをふ化させたいときは、オスとメスの成虫を見つけていっしょにかって、たまごをうませるのがいい。

幼虫をさがすのに土をほったら、もとにもどしておこう

もちかえる

まわりの土や木といっしょに、飼育ケースなどに入れてもちかえろう。

クヌギの
はっぱ

コナラの
はっぱ

スズメバチ

◀樹液が出ている
木には、カナブン
やチョウ、スズメ
バチなどがいるよ。

コムラサキ

カナブン

成虫（せいちゅう）

ハナムグリ

昼間のうちに樹液の
出ているクヌギやコナラの
木を見つけておこう

●バナナトラップ（わな）のつくり方

①タッパーやビニールぶくろに、切ったバナナ2本、しょうちゅうカップ1、さとう大さじ1を入れて、半日～1日おいておく。
②ストッキングや目の細かいネットに入れて、木につるす。

樹液が出ている
木がなかったら
トラップをしかけよう!

▲バナナトラップをつくって、クヌギやコナラの木のみきにむすんでおこう。回収するのをわすれずに。

夜か
明け方に
行って
みると…

成虫を見つけても、すぐに手を出さないこと。樹液やトラップには、スズメバチがよってくることもあるから、注意しよう（→30ページ）。木にしがみついていたら、おしりをとんとんとたたくと、おどろいて力が弱まり、とりやすくなる。むりやりとると、あしがとれてしまうこともあるよ。

成虫がいた!

もち方

中あしと後ろあしのあいだを、親指と人さし指ではさむようにしてもつ。

カブトムシのオスの場合、小さいほうの角（胸角）をもってもいい。

15

カブトムシ・ノコギリクワガタ

かう

幼虫（ようちゅう）

●よういするもの

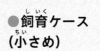 ●それぞれせんようのこんちゅうマット（土）（つち）

 ●飼育ビン（しいく）（クワガタの場合）（ばあい）

 ●飼育ケース（しいく）（小さめ）（ちい）

●きりふき

●飼育期間のめやす（しいくきかん）
カブトムシ：夏の終わりに幼虫を（なつ）（お）（ようちゅう）かうと、8〜9か月で成虫になる。（げつ）（せいちゅう）
ノコギリクワガタ：幼虫から成虫に（ようちゅう）（せいちゅう）なるまで1〜2年（飼育環境による）。（ねん）（しいくかんきょう）

カブトムシ

●土がかわいて（つち）きたら、きりふきでしめらせる。夏はとくに気を（なつ）（き）つけよう。

●たくさんえさを食べる秋は1（た）（あき）か月に1回、そ（げつ）（かい）のあとは3〜4月に1回くらい、（がつ）（かい）土をかえよう。（つち）

●4月ころ土を入れかえて、ぎゅうぎゅうに（がつ）（つち）（い）おしかためると、さなぎになるための蛹室が（ようしつ）つくりやすくなる。また、この時期になった（じき）ら、えさのこうかんはしないようにする。

●飼育ケースは小さくていい。（しいく）（ちい）

●1つのケースに1ぴきずつ入れる（い）（かべぎわにいるとはかぎらない）。

ちょくせつ光（ひかり）が当たらない（あ）場所におこう。（ばしょ）

●土を10cm（つち）くらいしく。

黒い紙（くろ）（かみ）

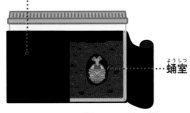

……蛹室（ようしつ）

●さなぎになる4月ころ、黒い紙をケース（がつ）（くろ）（かみ）にまいておくと、かべぎわで蛹室をつく（ようしつ）ることも。かんさつがしやすくなるよ。

クワガタムシ

●幼虫はスプーン（ようちゅう）でそっと入れる。（い）

●ふたにはあなをあけておく。

クワガタムシの幼（よう）虫は、おたがいに（ちゅう）近くにいることを（ちか）いやがるよ。1ぴ（い）きずつ飼育ビンに（しいく）入れてかおう。（い）

●幼虫が土に入りやす（ようちゅう）（つち）（はい）いように、土の上にく（つち）（うえ）ぼみをつけておく。

●土をぎゅうぎゅうに（つち）おしかためておく。

●かんさつのポイント

幼虫（ようちゅう）　色や形がかわるようすをチェックしよう。幼虫でいる時間が長いから、わす（いろ）（かたち）（ようちゅう）（じかん）（なが）
れずにかくにんすること。

成虫（せいちゅう）　たまごをうんでいるか、チェックしよう。カブトムシは、メスがそこのほう
でじっとしていたりごそごそしていたら、クワガタムシは、メスがくち木に
あなをほっていたら、産卵しているかも。（さんらん）

成虫(せいちゅう)

●よういするもの

- ●それぞれせんようのこんちゅうマット（土(つち)）
- ●きりふき
- ●とまり木(ぎ)
- ●飼育(しいく)ケース（大(おお)きめ）
- ●えさ（バナナやこんちゅうゼリー）
- ●かれは

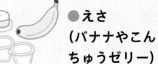

じつは暑(あつ)さが苦手(にがて)。家(いえ)の中(なか)の気温(きおん)があまりかわらず、光(ひかり)が当(あ)たらない場所(ばしょ)におく。夏(なつ)はきりふきや保冷剤(ほれいざい)をつかって、暑(あつ)くならないようにしよう。

●カブトムシもクワガタムシも、オスとメスを1ぴきずつ入(い)れよう。たくさん入(い)れると、けんかになるよ。

●土(つち)がかわいてきたら、きりふきでしめらせる。

●とまり木(ぎ)を入(い)れる。

●できればつかまえた場所(ばしょ)のかれはをいっしょに入(い)れる。

●えさ

●土(つち)を5cmいじょうしく。たくさんおしっこをするので、よごれてきたらとりかえよう。

産卵(さんらん)させたいときは…

●たまご

※見(み)やすいようにふたはかいていないけど、飼育(しいく)するときはふたをしよう。

カブトムシ

●大(おお)きな飼育(しいく)ケース

●とまり木(ぎ) ●えさ

メス オス

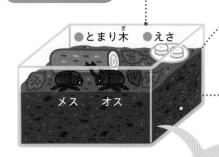

●たまごのまわりの土(つち)は、おしかためられたかたまりになっているよ。

●土(つち)を20cmいじょうしく。

●たまごはきずつけないように、スプーンで入(い)れるといい。

たまごは、そこのほうでうむことが多(おお)い。ケースをセットして3週間(しゅうかん)くらいしたら、そっとほりかえしてみよう。

●飼育(しいく)ケースや大(おお)きなタッパーに土(つち)をしいてたまごをおく。ラップやビニールにあなをあけて、かけておく。

クワガタムシ

●大(おお)きな飼育(しいく)ケース

メス

オス ●えさ

●土(つち)を20cmいじょうしく。

●たまごをうむためのくち木(き)。くち木(き)は半分(はんぶん)くらい土(つち)にうまるようにおくといい。ひとばん水(みず)につけたくち木(き)をつかう。

●10月(がつ)ころ、くち木(き)をマイナスドライバーなどですこしずつほる。幼虫(ようちゅう)がいるかも。

※たまごがたくさんあるときは、成虫(せいちゅう)をちがうケースにうつそう。

ショウリョウバッタ

ひくい草のある明るい草むらによくいます。
幼虫は成虫と形は同じですが小さく、飛びません。

- 活動する時期→5〜7月（幼虫）／8〜11月（成虫）
- 生きる期間→7〜8か月（たまご。冬をこす）
  5〜6か月（幼虫〜成虫）

つかまえる

成虫

後ろから
そっと
近づいて…

幼虫

◀成虫は、ジャンプがとくいだけど、はねをつかって飛ぶこともできる。すぐににげられてしまうので、見つけたら、後ろからそっと近づくのがいい。

あみを
ふりおろす!

あみは、上から▶
かぶせるように
ふりおろそう。
幼虫の場合は、
飛べないので、
あみでやさしく
すくうようにし
てつかまえよう。

あみをそっ▶
ともちあげ
てみよう。

もちかえる

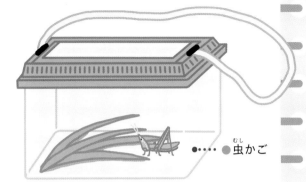

●虫かご

つかまえた場所のはっぱも入れる。

もち方

むねのあたりを、やさしくつまむようにしてもつ。

つかまえた！

かう

●よういするもの

●紙（飼育ケースのそこの大きさ）

●大きめの飼育ケース

●きりふき

●えさになるはっぱやりんご

●タッパーなどの入れもの（小さめ）

●土

●ビン

●えさになるはっぱ

エノコログサ（ねこじゃらし）　オヒシバ　ススキ

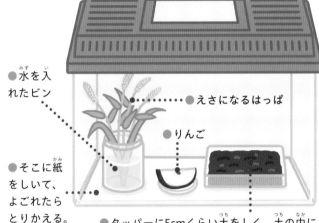

●水を入れたビン

●えさになるはっぱ

●りんご

●そこに紙をしいて、よごれたらとりかえる。

●タッパーに5cmくらい土をしく。土の中にたまごをうむので、産卵場所になる。

たまごをうんだら…

幼虫の場合は、21ページのようにケースをたてにしてつかおう。羽化するときにひっかからないよ。

●ときどきしめらせる。

●たまごが入ったタッパー

●あなをあけたラップをはさむ。

●飼育ケースはべつによういする。

冬のあいだは、ベランダなどにおいておこう。室内においておくと、ふ化してしまうこともあるよ。

うまくいくと、5月ころにふ化するよ。

19

オオカマキリ

えものになるバッタやチョウがいる、草むらに多くいます。
手でつかまえることもできます。

- ●活動する時期→4〜7月（幼虫）／8〜11月（成虫）
- ●生きる期間→数か月（たまご。冬をこす）／6か月くらい（幼虫〜成虫）

つかまえる

下にあみをおいて、
上から手でおいこむと…

◀カマキリがとまっている場所の下に
あみをおいて、上から手であみのほう
においこむと、中におちてくる。

つかまえた!

こんなやり方も
あるよ!

▲あみをかぶせるようにして、あ
みをくるっとひねってつかまえる。

もちかえる

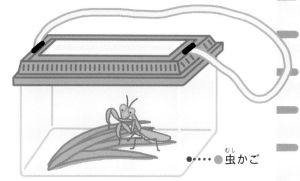

●·····● 虫かご

まわりにあった草を入れよう。カマキリがつかまるところになるよ。

もち方

幼虫だよ

むねのまん中のくぼんだあたりを、後ろからやさしくもつ。

手でもつかまえられるよ！

草むらをかき分けてさがし、つかまえるときはむねのまん中あたりをもつようにする。

手を出すと、のってくることもあるよ！

かう

●よういするもの

●飼育ケース（大きめ） ●ビン ●きりふき

●とまり木（はっぱがついたえだ） ●アルミホイル

●えさ

バッタやコオロギなどの生きたこんちゅう ミールワーム

魚肉ソーセージ かまぼこ とり肉

※生きたこんちゅういがいのえさは、ピンセットでつまんで口先までもっていってあげよう。

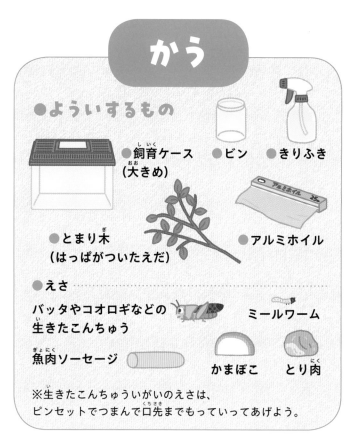

●とまり木になる、はっぱのついた木のえだ。てんじょうにつくくらい、長いものがいい。

●1つのケースに1ぴきずつ入れる。

●カマキリは水をよくのむよ。毎日、きりふきをふきかけよう。小さい幼虫の場合は、きりふきではなく、水でしめらせたティッシュやわたを入れておこう。

●えさは毎日か2日に1回。食べのこしはすぐにすてよう。

●成虫は、ケースを横にしてもいい。幼虫の場合は脱皮するので、たてのほうがいい。

●水の入ったビン。おちないようにアルミホイルでふたをする。

●石や草を入れてもいい。

●かんさつのポイント

●生きたこんちゅうを入れて、えものをどんなふうにつかまえるか見てみよう。

●えものを食べたあと、前あしをなめてそうじするよ。見てみよう。

クロオオアリ

日当たりのいい開けた場所の、地面の下に巣をつくります。外でえさをさがしているのは、はたらきアリ。女王アリやオスアリは、5〜6月ころ外で見られます。

- ●活動する時期→4〜11月(成虫)
- ●生きる期間→1か月くらい(たまご〜さなぎ)／1〜2年(成虫、はたらきアリ)

つかまえる

▲紙の上に、さとうやおかしのくずなどをのせて、アリの巣の近くにおいておくと、アリがやってくるよ。ビンやタッパーなどにうつし、もちかえろう。

▲手でもつかまえられるけど、にげやすい。つまんでもつときは、つぶさないように気をつけて！

こんなつかまえ方もあるよ！

紙でアリをすくうようにしても、つかまえられるよ。

女王アリをつかまえて、巣をつくろう！

結婚飛行を終えた女王アリをつかまえてかうと、たまごをうんで、新しい巣ができるよ。5〜6月の夕方、アリの巣からすこしはなれた地面をかんさつすると、巣をつくる場所をさがしている女王アリが見つけられるかも。女王アリはこわがりなので、はっぱなどにのせて、虫かごに入れよう。

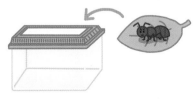

おぼえておこう！アリのしゅるい

●はたらきアリ
えさをはこんだり、幼虫の世話をする。すべてメス。

●オスアリ
はねがあり、結婚飛行する。

●女王アリ
とても大きい。結婚飛行の時期は、はねがある。

かう

●ようするもの

●飼育ケース

●きりふき

●黒い紙

●目の細かい土

●えさ
くだもの　さとう　死んだ虫　おかし　●小ざら

●かんさつのポイント

- ●アリが巣をつくるようすを見てみよう。
- ●えさをどんなふうにはこぶか、見てみよう。
- ●女王アリからかう場合、たまごをうむようす、ふ化や羽化のようすをかんさつしよう。

女王アリの場合

●小さめの飼育ケース

- ●ときどきしめらせる。
- ●えさ
- ●メラミンスポンジか、しめらせたキッチンペーパーをしく。

たまごがうまれると、女王アリがえさを口うつしであげて世話をするよ。アリがなんびきか羽化したら、土を入れたケースにうつそう。

女王アリは10年近く生きることもある。大きな巣ができるまでに、数年かかることもあるよ。

はたらきアリの場合

はたらきアリだけでも、巣をつくるようすをかんさつできる。おなじ巣のアリを20ぴきくらい入れると、巣をつくりだすよ。

ケースは、うごかさずにそっとしておくこと！

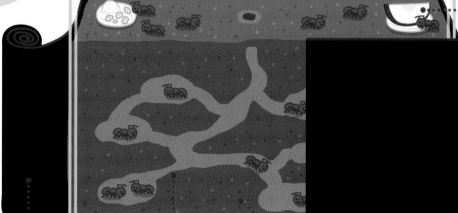

●土の表面がかわいたら、きりふきをする。

●えさは、小ざらかペットボトルのふたに入れておく。

- ●黒い紙をまくと、かべぎわに巣をつくるよ。かんさつするときだけ、紙をはずそう。
- ●土はできるだけ、目の細かいさらさらしたものがいい。
- ●かんさつしやすい、アリ用のはばのせまいケースもあるよ。小さいしゅるいのアリをかう場合は、にげないようにふたの下にあみ目の細かいネットをはさもう（→25ページ）。

テントウムシ

日当たりのいい草むらや畑によくいます。
手でかんたんにつかまえることができます。

- ●活動する時期➡ナナホシテントウ：春〜秋（幼虫、成虫／夏は休眠する）
- ●生きる期間➡ナナホシテントウ：2〜3週間（たまご〜さなぎ）
  3〜4か月（成虫。冬をこす場合は6か月くらい）

つかまえる

テントウムシがいる草ごと、あみをかぶせて…

◀あみをかぶせて、すこしゆするようにして、テントウムシをあみにうつそう。この方法だと、たくさんのテントウムシをつかまえることができる。

つかまえた！

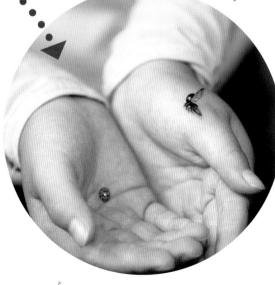

▲飛んでいってしまうこともあるから、指にのったら、手でふたをしてそっと虫かごに入れよう。

もちかえる

ちょんちょんと指でおして、虫かごに入れることもできる。

幼虫

幼虫は、アブラムシがいるはっぱごと、虫かごに入れる。

かう

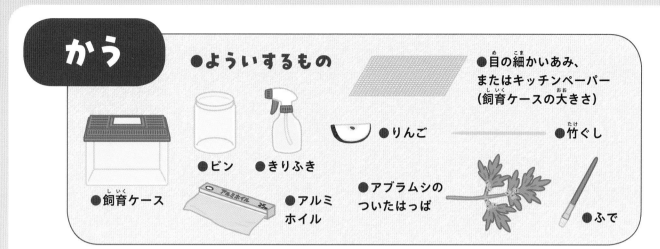

●よういするもの

●飼育ケース
●ビン
●きりふき
●アルミホイル
●りんご
●アブラムシのついたはっぱ
●目の細かいあみ、またはキッチンペーパー（飼育ケースの大きさ）
●竹ぐし
●ふで

えさのアブラムシがいるはっぱ

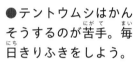

ヨモギ　　ギシギシ　　カラスノエンドウ

1ぴきで、毎日アブラムシを100ぴきくらい食べるよ!

●テントウムシやアブラムシがにげないように、ふたの下に、あみ目の細かいネットや、キッチンペーパーをはさむ。

●はば20cmくらいの飼育ケースで、4〜5ひきかえる。

●テントウムシはかんそうするのが苦手。毎日きりふきをしよう。

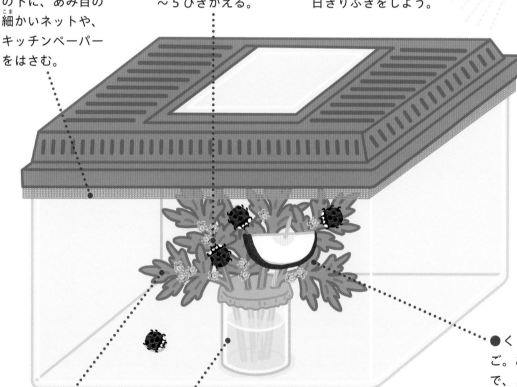

●いどうさせるときは、ふでにのせるといい。

●くしにさしたりんご。あまいのがすきで、よくなめるよ。

●アブラムシのついたはっぱ。こまめにとりかえよう。

●水を入れたビン。アルミホイルでふさぐ。

●かんさつのポイント

●アブラムシを食べるところを、虫めがねで見てみよう。
●ふでやぼうにのせて、体をかんさつしてみよう。
●きけんを感じると、黄色い苦いしるを出すよ。見てみよう。

エンマコオロギ

コロコロリ〜

黒っぽい体に長い触角がとくちょうです。
街中やかわらなどの草むらにいて、オスは「コロコロリ〜」と
鳴きます。夕方〜早朝に活動します。

- 活動する時期→5〜7月(幼虫)／8〜11月(成虫)
- 生きる期間→7か月くらい(たまご。冬をこす)／2〜3か月くらい(幼虫〜成虫)

つかまえる

つかまえた!

つかまえたあと、
にげないように
あみをつかったよ

▲コオロギは、草むらの地面の近くや、
石の下などにいる。鳴き声がしたら、
草をかき分けてさがしてみよう。見つ
けたら、すばやくあみをかぶせてつか
まえたり、手でつかまえたりしよう。

もち方

▲むねのあたりを、
指でやさしくつまむ
ようにしてもつ。

わなをしかける!

ペットボトルでわなをつくり、にぼしやかつ
おぶしを入れて、夕方草むらにしかけてみよ
う。次の日の朝、コオロギが入っているかも。

●わなのつくりかた

500mlのペット
ボトルの上のほ
うを切る。

中にえさを入れ、
切った部分をひ
っくり返してさ
しこむ。

テープでとめる。

かう

●よういするもの

●土やすな（または、土タイプのこんちゅうマット）

●水入れ

●とまり木

●かくれが

●きりふき

●えさ

●飼育ケース（大きめ）

なす　きゅうり　りんご　にぼし　金魚のえさ

コオロギ用のえさ

※雑食なので、魚ややさいも食べる。

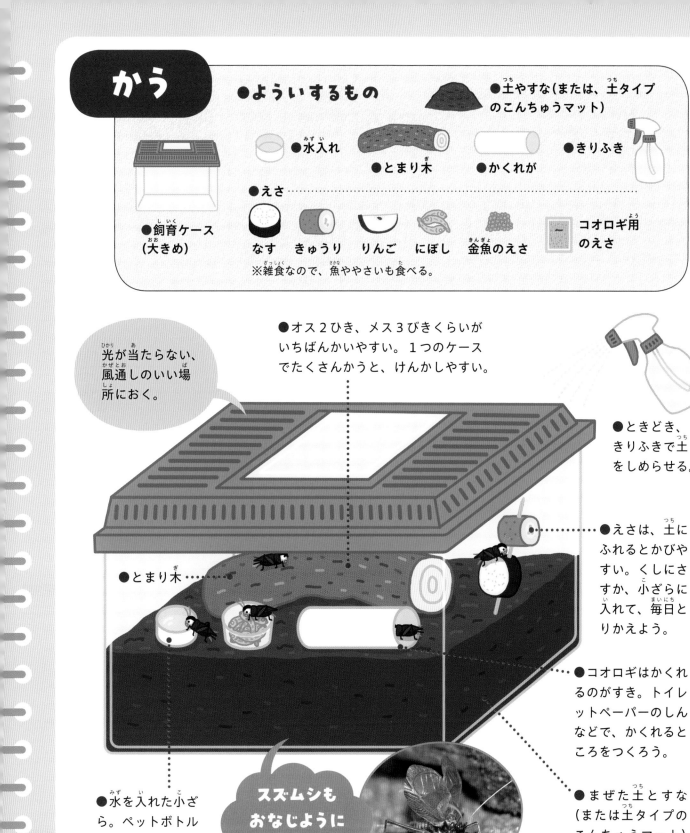

光が当たらない、風通しのいい場所におく。

●オス2ひき、メス3びきくらいがいちばんかいやすい。1つのケースでたくさんかうと、けんかしやすい。

●ときどき、きりふきで土をしめらせる。

●とまり木

●えさは、土にふれるとかびやすい。くしにさすか、小ざらに入れて、毎日とりかえよう。

●コオロギはかくれるのがすき。トイレットペーパーのしんなどで、かくれるところをつくろう。

●まぜた土とすな（または土タイプのこんちゅうマット）を、5cmくらいしく。

●水を入れた小ざら。ペットボトルのふたでもいい。

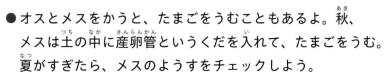
スズムシもおなじようにかえるよ！

スズムシ

●かんさつのポイント

●産卵管

●オスとメスをかうと、たまごをうむこともあるよ。秋、メスは土の中に産卵管というくだを入れて、たまごをうむ。夏がすぎたら、メスのようすをチェックしよう。

●鳴くのはオスだけ。どんなふうに鳴くか、かんさつしよう。

ダンゴムシ（オカダンゴムシ）

石やおちばの下など、ひかげで暗く、しめっている
場所が大すき。ダンゴムシはこんちゅうのなかま
ではなく、エビやカニと同じなかまです。

- 活動する時期→3〜10月（幼虫、成虫）
- 生きる期間→1か月くらい（たまご）／3〜5年くらい（幼虫〜成虫）

つかまえる

ダンゴムシは、暗くてじ
めじめした場所がすき。
おちばや石、植木ばちの
下などをさがしてみよう。
夜に活動することが多い
から、夕方のほうがつか
まえやすいよ。

おちばや
石の下を
さがしてみよう！

シャベルでおちばを
どけてさがそう。

手でも
つかまえ
られるよ

もちかえる

- 虫かご
- 手でやさ
しくつまん
で入れよう。
- 中に土や石、
おちばを入れる。

- 空気あな
- プラスチックのケース
や、ペットボトルでもい
い。その場合、ふたに空
気あなをあけよう。

かう

●よういするもの

●土やすな（または、こんちゅう用の腐葉土）

●小ざら

●えさ

たまごのから

●飼育ケース　●きりふき　●石

おちば　　　　チーズ　にぼし

※雑食なので、魚なども食べる。

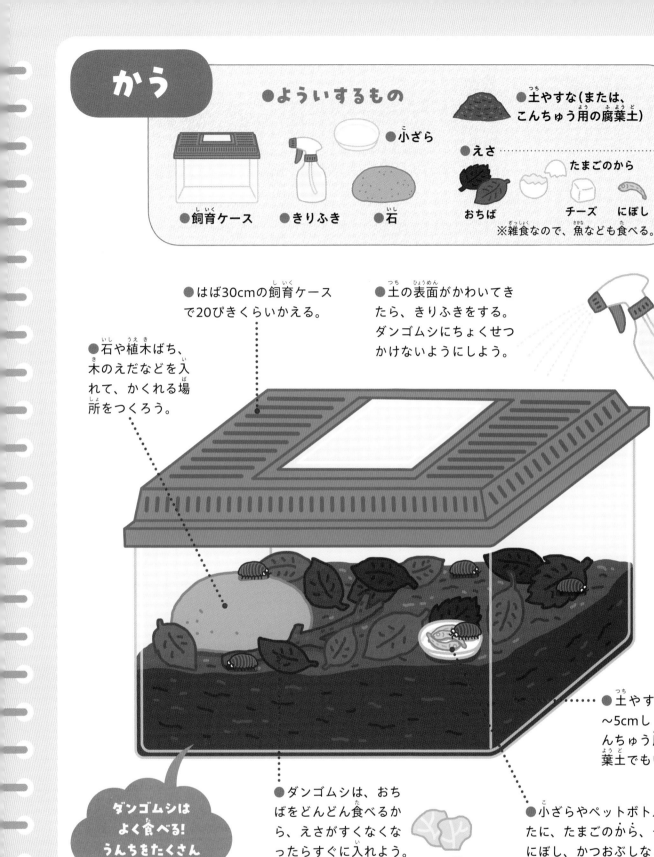

●はば30cmの飼育ケースで20ぴきくらいかえる。

●土の表面がかわいてきたら、きりふきをする。ダンゴムシにちょくせつかけないようにしよう。

●石や植木ばち、木のえだなどを入れて、かくれる場所をつくろう。

●土やすなを3〜5cmしく。こんちゅう用の腐葉土でもいい。

ダンゴムシはよく食べる！うんちをたくさんするよ。

しかくいうんち！

●ダンゴムシは、おちばをどんどん食べるから、えさがすくなくなったらすぐに入れよう。キャベツやにんじんなどのやさいも食べるよ。

●小ざらやペットボトルのふたに、たまごのから、チーズ、にぼし、かつおぶしなどを入れておく。ダンゴムシの体をかたくしてくれるよ。

●かんさつのポイント

●ダンゴムシのうんちはしかく。見つけてみよう！
●成虫も脱皮して大きくなるよ。脱皮のようすを見てみよう。

知っておこう! きけんな虫

ハチ（街中・林）

オオスズメバチ

◀とても大きなハチで、どくのはりをもっている。さされると死んでしまうことも。木のあなや、土の中に巣をつくるよ。樹液に集まるので、カブトムシやクワガタムシをさがすときは気をつけよう。

このハチも
きけん！

●キイロスズメバチ

●コガタスズメバチ

●セグロアシナガバチ

**とっても
きけん！**

! ハチに出会ったら、手ではらったりさわいだりせず、あわてないでゆっくりはなれよう。もしさされたら、いそいでにげて、病院に行くこと！

ガの幼虫（街中・雑木林）

**よく
出会う！**

イラガのなかま

どくの毛にさされるととてもいたいから、さわらないようにしよう。モミジ、カキ、クリなどにいる。成虫には、どくがないよ。▼

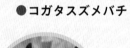

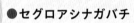

成虫

成虫 ●アオイラガ

チャドクガ

▲どくの毛が風に飛ばされることもあるので、見つけたら近づかないようにしよう。幼虫にも成虫にもどくの毛があって、さされるとかぶれるよ。ツバキやサザンカによくいるよ。

虫のなかには、人間にとってきけんなものもいます。
虫をさがしたり、つかまえたりするときは、気をつけて！

＼ ほかにもこんな虫に注意！ ／

牧場・高原

アカウシアブ
◀するどい口でかみつかれると、とてもいたくてかゆい。かむのはメスだけで、おいはらえばだいじょうぶ。

水辺

マツモムシ
▲池や水たまりによくいて、おなかを上にして泳いでいる。さされるととてもいたい。

ブユのなかま
林のほか、水辺にも多くいる。さされるといたがゆくなる。▶

林

●トビズムカデ

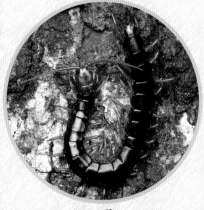

ゲジ
樹液にあつまる▶虫で、かまれるととてもいたい。

身近

●ヒトスジシマカ

マダニ
◀林や草むらなどに多くいる。かまれるとかゆく、病気のウイルスなどをうつされることもある。

●フタトゲチマダニ

ムカデ
▲木のあな、石やおちばの下にいる。かまれるととてもいたい。

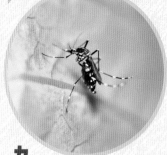

カ
▲とても身近な虫だけど、いろいろな病気をひろげることがあるので、じつはきけん。さされるとかゆく、さすのはメスだけ。

出会わないために…どうしたらいい？

●長そで・長ズボン（またはレギンス）で、はだを出さない服を着よう。黒っぽい色は虫がよってくるから、明るい色がいい。
●虫よけスプレーをわすれずに！
●すわったり、草むらに近づくときは、よくまわりをかんさつしよう。

さされた！と思ったら、あわてずに大人にほうこく。場合によっては、すぐに病院に行くこと。

さくいん

監修●須田研司（むさしの自然史研究会）

むさしの自然史研究会代表。多摩六都科学館や武蔵野自然クラブで、子どもたちに昆虫のおもしろさを伝える活動に尽力している。監修に『みいつけた！がっこうのまわりのいきもの〈1～8巻〉』（Gakken）、『世界の美しい虫』（パイインターナショナル）、『世界でいちばん素敵な昆虫の教室』（三才ブックス）、『はじめてのずかん　こんちゅう』（高橋書店）など多数。

くらべてわかる！こんちゅう図鑑　つかまえ方とかい方

2024年3月15日　第1刷発行
2024年8月28日　第3刷発行

監修●須田研司
監修協力●井上暁生、近藤雅弘
イラスト●森のくじら
装丁・デザイン●村﨑和寿
撮影●茶山浩

編集協力●グループ・コロンブス

発行所●株式会社童心社
　　　　〒112-0011　東京都文京区千石4-6-6
　　　　電話　03-5976-4181（代表）　03-5976-4402（編集）
印刷●株式会社加藤文明社
製本●株式会社難波製本

写真●海野和男、北添伸夫、小島一浩、佐々木有美（多摩六都科学館）、
　　　アフロ、アマナイメージズ、AdobeStock、PIXTA

©Kenji Suda/Morinokujira 2024　ISBN978-4-494-01887-1
Printed in Japan　NDC486.1　32P　30.3×21.6cm　Published by DOSHINSHA　https://www.doshinsha.co.jp/